美国心理学会儿童情绪管理读物
What-to-Do Guides for Kids

睡不着，怎么办？
养成良好的睡眠习惯

What to Do When You Dread Your Bed
A Kid's Guide to Overcoming Problems with Sleep

[美]道恩·许布纳（Dawn Huebner） 著
[美]邦妮·马修斯（Bonnie Matthews） 绘
汪小英 译

化学工业出版社
·北京·

What to Do When You Dread Your Bed : A Kid's Guide to Overcoming Problems with Sleep, by Dawn Huebner; illustrated by Bonnie Matthews.
ISBN 978-1-4338-0318-5
Copyright © 2008 by the Magination Press, an imprint of the American Psychological Association (APA).
This Work was originally published in English under the title of: *What to Do When You Dread Your Bed: A Kid's Guide to Overcoming Problems with Sleep* as a publication of the American Psychological Association in the United States of America. Copyright © 2008 by the American Psychological Association (APA). The Work has been translated and republished in the **Simplified Chinese** language by permission of the APA. This translation cannot be republished or reproduced by any third party in any form without express written permission of the APA. No part of this publication may be reproduced or distributed in any form or by any means, or stored in any database or retrieval system without prior permission of the APA.

本书中文简体字版由 the American Psychological Association 授权化学工业出版社独家出版发行。

本版本仅限在中国内地（不包括中国台湾地区和香港、澳门特别行政区）销售，不得销往中国以外的其他地区。未经许可，不得以任何方式复制或抄袭本书的任何部分，违者必究。

北京市版权局著作权合同登记号：01-2024-5544

图书在版编目（CIP）数据

睡不着，怎么办？ ： 养成良好的睡眠习惯 /（美）道恩·许布纳（Dawn Huebner）著 ；（美）邦妮·马修斯（Bonnie Matthews）绘 ； 汪小英译. -- 北京 ： 化学工业出版社，2025.2. --（美国心理学会儿童情绪管理读物）. -- ISBN 978-7-122-46896-3

Ⅰ. B842.6-49

中国国家版本馆CIP数据核字第202418R8B5号

责任编辑：郝付云　肖志明　　　　装帧设计：大千妙象
责任校对：赵懿桐

出版发行：化学工业出版社（北京市东城区青年湖南街13号　邮政编码100011）
印　　装：北京新华印刷有限公司
787mm×1092mm　1/16　印张6¼　字数50千字　2025年5月北京第1版第1次印刷

购书咨询：010-64518888　　　　售后服务：010-64518899
网　　址：http://www.cip.com.cn
凡购买本书，如有缺损质量问题，本社销售中心负责调换。

定　　价：29.80元　　　　　　　　　　　　　　　　　　　　版权所有　违者必究

目 录

写给父母的话 / 1

第一章
小魔术 / 6

第二章
制订睡眠计划 / 14

第三章
合理安排睡前活动 / 28

第四章
建立良好的睡眠模式 / 34

第五章
克服入睡恐惧 / 42

第六章
学会独自睡觉 / 48

第七章
大脑魔术 / 60

第八章
安静下来 / 70

第九章
放松身体 / 76

第十章
夜间醒来，怎么办？ / 84

第十一章
做噩梦，怎么办？ / 86

第十二章
睡个好觉吧 / 90

写给父母的话

"晚安，睡吧，我爱你。"我们都经历过这样的情形：对孩子轻声说出充满爱意的话，然后踮着脚尖轻轻地走出他的卧室。当孩子入睡了，我们也做完了家务，打开电视，终于有了属于自己的时间。

但是，许多家庭的情况并非如此。睡觉往往演变成一场战斗。我们和孩子会为了什么时候睡觉、在哪儿睡觉而争执不下，也会为了谁陪他睡觉、讲几个睡前故事、没完没了地要求拥抱而争吵。直到我们大人精疲力尽，他也疲惫不堪，于是，我们只能妥协，要么和孩子一起挤在他的小床上，要么让孩子躺在我们的大床上，最终我们都睡着了。可是，这并不是我们想要的结果。

约有1/3的孩子有睡眠问题。睡眠不足会影响一个人的

生活，比如第二天的情绪、学习的专注力等。此外，睡眠不足的孩子还更容易出现一系列问题，比如焦虑、愤怒、身体疾病等。睡眠不足的父母也一样。

孩子入睡困难、睡眠不足的原因有很多。怕黑是第一个原因，其次是各种需求相互竞争（写家庭作业、看电视、亲子时间太少），以致睡前无法平静下来。养成一个坏习惯很容易，可改掉坏习惯却很难。睡眠不足会导致生理变化，使人第二天晚上更难入睡，由此引发恶性循环。

这些您可能都知道。毫无疑问，凡是能想到的方法，您可能已经都试过了，您只是想让孩子在合适的时间以合适的方式入睡。但正如您所知道的，没有哪张儿童床能吸引固执的8岁孩子，没有哪个道理能安抚那个胆小的11岁孩子，没有哪个规则能搞定好动的10岁孩子。作为家长，您在帮助孩子养成良好的睡眠习惯方面起着非常重要的作用。但是，当您的孩子长到6岁、9岁或12岁时，您就不能全靠自己解决这个问题了，您需要孩子的协助。这就是本书的切入点。这本书给孩子提供了一些技巧和方法，以帮助他们克服常见的睡前问题，比如，怕黑、大脑无法平静下来、坐立不安等。如果您自己先读这本书，就可以更好地帮助孩子掌握新的睡眠技巧。然后，您要下定决心坚持每晚同一时间上床睡觉，即使周末也一样。对于忙碌的家庭来说，这可能是一个挑战，但是，获得足够的睡眠是孩子学会独自入睡的关键。

您可以自己先读完这本书，然后再和孩子一起读，从而帮助他准确地实践书中的方法。孩子需要练习新的技能，而您需要给他立下新规矩。有些规矩可能要改变您家的日常生活习惯（比如，睡前一小时要关掉电视），有些规矩可能会遇到孩子的抵触。但您要坚持下去！不妥协，不道歉，不要有例外。

遵照书中所提的建议来练习，一直到您的孩子在适当的时间入睡，并有良好的睡眠质量。这时，您才有条件决定在何处留出余地。

不要一口气看完这本书，一次认真读1~2章，理解和掌握书中提到的每一个步骤，这样才能为孩子打好基础，以取得更大的进步。有些孩子可能想要一味地往下读，尤其是看到每一章都以一个魔术开头的时候。不要由着他读下去，相反，可以将他学习下一个魔术的渴望作为激励他继续阅读的动力。只有掌握了这个方法后，孩子才可以接着往下读。如果孩子只是急匆匆地把书看完，或者先看了所有的魔术，那这本书对孩子的帮助就十分有限。如果您和孩子认真实践了本书里的方法，可是他却仍然要花上一个多小时才能入睡，或是半夜睡醒后长时间睡不着，或是睡不够8个小时，那您应当去咨询儿科医生或心理治疗师了。

让孩子循序渐进，一次练习一个方法，一步一个脚印，相信孩子肯定能够取得成功。鼓励孩子练习，再练习，对于比较难以掌握的方法，要重复练习，坚持不懈，直到可以轻松掌握为止。要及时和孩子一起庆祝他的进步，然后再学习下一个方法。要留意孩子的细微变化，比如，让父母陪睡的次数少了，入睡快了，经常能一觉睡到天亮。所有这些都表明，这一套练习是有成效的。

终于有一天，孩子会在合适的时间安静地躺在床上准备入睡。您悄声对他说"我爱你，宝贝"，然后轻轻走出房间。孩子不会再害怕、哭闹着叫您陪他，也不会在夜间醒来后跑到您的床上。书中的这些技巧能让孩子受用一生，因为这不仅解决了他的睡眠问题，而且帮助他克服了恐惧，学会了放松身体，缓解心理压力，懂得了如何制订目标并努力完成。

今后，孩子晚上早早入睡后，多出的时间怎么办？那是给您的礼物，请慢慢享用！

小魔术

晚上该睡觉了,你上床后,钻进了舒服的被窝,闭上眼睛安然入睡,没有焦虑,也没有恐惧,这是不是很美妙?

是的。这时,你不用竖起耳朵听周围的声音,脑海里也不会再出现坏人的形象。

你不用再喝点饮料或者水,不用再让大人抱一下,也不用再去一趟厕所才能睡着。

你不觉得太热，也不觉得身体不舒服，也不会好几个小时都睁着眼，觉得自己永远也睡不着。

🌙 画出躺在床上的自己。

🌙 哪些事情会影响你入睡？把它们圈起来。

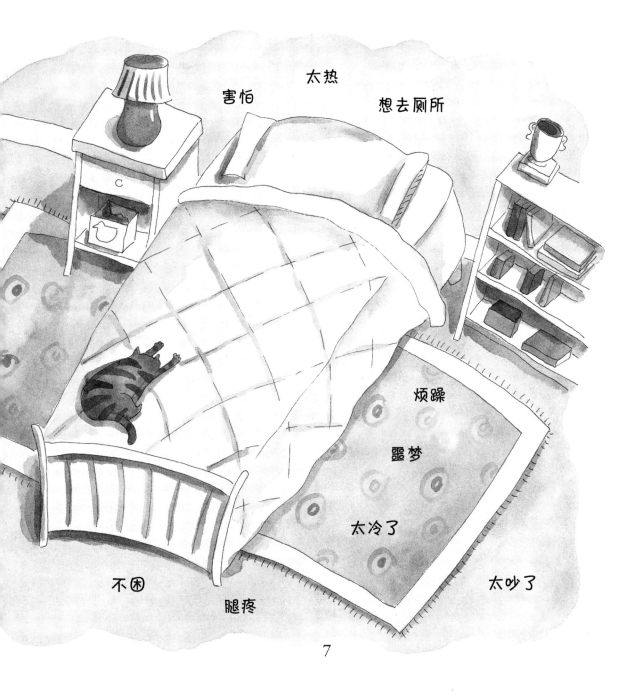

害怕　太热　想去厕所

烦躁

噩梦

太冷了

不困　腿疼　太吵了

或许你从记事起就有睡眠问题,也可能最近才开始有睡眠问题,但你一直无法解决它。

你关灯躺下后会感到害怕吗?你半夜睡醒了,需要大人陪着才能入睡吗?该睡觉了,你是不是无法安静下来,总是翻来覆去,想的事情太多?你是不是觉得不困,不想睡觉,或者很困了,但就是睡不着?你是不是希望自己有一根魔杖,轻轻一挥,让这些问题通通消失?

这个想法很不错,现在,我们就来变出一根魔杖吧!

在下面画一根魔杖。

什么是魔杖？魔杖通常就是一根棍子，对吧？它可以是一根小树枝、一根筷子、一根铅笔、一根吸管，甚至是你的一个手指。任何长条的东西都可以当作魔杖。

但是，魔术又是什么呢？事实上，任何人都可以变魔术，因为魔术实际上只是一系列的视觉错觉，会欺骗你的大脑，让它看到那些不真实的东西。

去找一个可以当魔杖的东西，然后拿一根橡皮筋。接下来，你就要变魔术了。

会跳的橡皮筋

1. 举起右手,掌心朝向脸。

2. 在无名指和小指上套一根橡皮筋。

3. 除了大拇指外,所有的手指向掌心弯曲。

4. 拉伸橡皮筋套住食指、中指、无名指和小指的指尖。橡皮筋现在会紧紧地贴在你的无名指和小指根部。

5. 右手握起来,左手举起魔杖,朝右手挥舞魔杖,并念咒语"吧啦吧啦,变变变"。

6. 右手迅速松开,你会看到橡皮筋从无名指和小指跳到了食指和中指上。

多练习几次，直到你可以快速地弯曲手指，并且每次都能让橡皮筋在手指上"跳跃"。

所以，你看，魔法就是学习一些步骤，然后一遍又一遍地练习，直到你能非常熟练地完成所有的步骤。

睡觉也是这样的。只要你按一定的顺序不断练习一些步骤，然后，瞧！你已经睡着了。

你可能会想：睡觉还要一些步骤？只要闭上眼睛就行了。但是，安然入睡没有那么容易，有时还可能会很难。

差不多每三个孩子就有一个孩子会有睡眠问题。这意味着,如果你们班有三十个孩子,那么差不多会有十个孩子晚上睡觉有困难,虽然你不知道他们是谁。不过,可以肯定的是,你认识的一些孩子仍然和父母睡,或者独自睡但是晚上会感到害怕,或者要用几个小时才能睡着,半夜还会从噩梦中醒来。

所以,如果你因为睡眠不好才读这本书,那你并不孤单。全国乃至全世界都有像你这样的孩子。

像你一样,有很多孩子在读这本书,学习如何入睡以及一觉睡到天亮的方法。睡觉并不是闭上眼睛那么简单,还包括一系列的步骤,其中的每一个步骤都很重要。

回想刚才那个橡皮筋的魔术。如果你想跳过其中的一个步骤，比如没有弯曲所有的手指，那就会失败。无论你练习多少次弯曲手指和松开拳头，橡皮筋总是待在原来的两个手指上。如果你不按照顺序完成步骤，就变不成魔术。

睡觉也是一样的道理，要按照书里的要求，完成所有的步骤，这样才行。

即使睡眠问题看起来很严重，比如每晚都感到害怕，或者无法独自入睡，一旦你知道了正确的方法，就很容易解决问题了。

每个人都可以解决睡眠问题，你也能行！

制订睡眠计划

你想学一个新魔术吗?要学这个魔术,你需要一副扑克牌。

就是这一张

1. 数出21张扑克牌，然后把剩下的都放在一边。将这21张牌分成3份，每份7张牌，正面朝下放在桌子上。

2. 让旁边的人选择其中的一份牌（用手指一下就行）。

3. 拿起被选中的这份牌，把牌的正面展开，朝观众展示。

4. 让一个人从中选择一张牌，告诉对方不要触摸或告诉你选的是哪一张牌，然后对他说："记住你选的这张牌。"

5. 然后把手中的牌合上。

6. 将你手中的那份牌放在另一份的上面，然后把最后一份牌放在最上面。现在所有的牌又成了一份牌了，而被人选中的那份牌在中间。

7. 把所有牌都翻过来，正面朝上。

8. 将这些牌再重新分成新的3份，每份7张，从左到右发牌，直到所有的牌分完。

9. 从左边的一份开始，把牌捻开，确保顺序不乱。问所选中的那张牌是否在其中。对每份牌都这样做，直到选牌的那位说在（不可以告诉你是哪一张）。

10. 然后拿出被选定的那份牌，将其放在另一份的上面，再将剩下的那份放在最上面。这时，被选中的那份牌还是夹在中间。所有的牌叠成了一份，并且正面朝上。

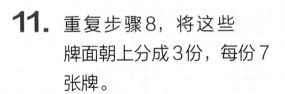

11. 重复步骤8，将这些牌面朝上分成3份，每份7张牌。

12. 重复步骤9，询问刚才选牌的人，他选中的牌在哪一份。

13. 重复步骤10，将选定的那份牌放在其他两份之间，所有的牌又叠成了一份，保持所有牌正面朝上。

14. 把这一份牌反过来，正面朝下。

15. 模仿魔术师的声音宣布:"现在我要找到选中的那张牌!"

16. 你可以说:"我变的时候,我会说'会不会是这一张扑克牌呢?'" 每说出一个字,就将一张牌正面朝下放在桌子上。

17. 当你说到最后一个字"呢"时,翻开一张牌,这正是刚才选中的那张牌,很神奇吧!

会—不—会

这个魔术就更绝了,是不是?你必须用21张牌才行。如果你用24张牌,或者把牌分成4份,这个魔术就变不成。

事实证明,正确的数字也是睡好觉的一个重要因素。让我们从你需要多少睡眠时间开始。小学生和中学生需要9~11个小时的睡眠,这不单指在周末,而是每天都需要这么多时间。下面有一个睡眠时间表格,看看你这个年龄的孩子通常需要睡多少小时。

各年龄段所需的最少睡眠时间

年龄	睡眠时间
6~8岁	11个小时
9~11岁	10个小时
12岁及以上	9个小时

这些睡眠时间都是最低标准,这意味着大多数孩子至少需要这么长的睡眠时间才能保证大脑和身体运转良好,睡醒后感觉不错。

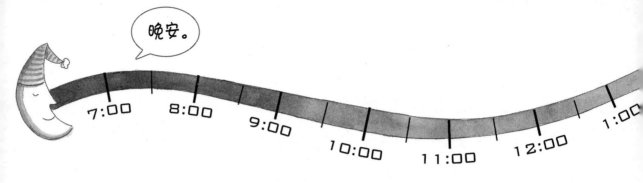

你每天睡几个小时才能真正休息好？如果不确定，可以看看上面的时间轴，或者问问父母的意见。

☽ 把你需要的睡眠时间写在下面的枕头上。

现在，让我们算算你到底睡了多少小时。

☽ 在上面的时间轴上，圈出你平时入睡的时间。圈出起床的时间。

☽ 计算一下你从入睡到起床一共有几个小时，这就是你的实际睡眠时间。

☽ 将计算出来的数字写在下面的枕头上。

比较一下你写在两个枕头上的数字。如果第二个数小于第一个数，就说明你没有睡够。

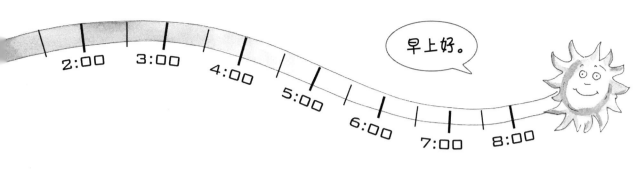

有趣的是，那些睡眠不足的孩子通常不会感到疲劳。睡眠少的孩子有时会躺在床上几个小时都无法入睡。虽然这看上去不太合理，但事实就是这样。如果你过了应当入睡的时间，你的大脑就会进入另一个模式，这时你会感到兴奋或烦躁，而不是单纯的困倦。

即使你不会感到疲劳，但周围的很多事情都开始出错。这是因为当我们睡觉的时候，我们的身体和大脑会做一些重要的事情，这些事情在我们醒着的时候是没办法做的。

睡觉的时候，身体会进行自我修复，愈合伤口，对抗感染。所以，睡眠不足的孩子更容易生病，生病后也需要更长的时间才能康复。

睡觉的时候，我们的身体仍然在生长，指甲、头发，甚至是骨骼都会生长。如果没有足够的睡眠，我们的身体就被剥夺了保持健康和强壮所需的时间。

大脑在我们睡觉的时候也要努力工作，它会筛选我们在白天收集到的所有信息，并将这些信息进行分类。如果我们没有足够的睡眠，大脑会乱成一团，让我们无法思考和解决问题。于是，一件小事就会让我们很烦，想哭或者发脾气。

睡眠是我们最重要的事情之一，我们需要有足够的睡眠。所以接下来的两个数字是你最佳的上床时间（准备睡觉的时间）和你最佳的入睡时间（睡着的时间）。

晚安。

7:00　8:00　9:00　10:00　11:00　12:00　1:00

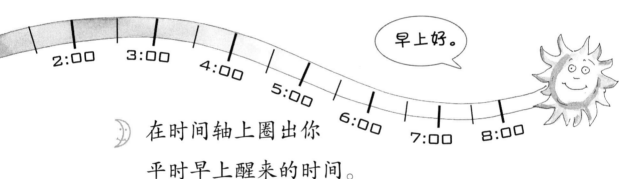

早上好。

☾ 在时间轴上圈出你平时早上醒来的时间。

☾ 沿着时间轴往前数，按照你醒来时感觉不错所需要的睡眠时间（即你在第20页"我需要睡☐个小时"的枕头上写的数字）来推算，用方框把得出的时间标出来，这就是你的最佳入睡时间。

☾ 再从这个时间往前数半个小时，用圆圈把这个时间标出来，这就是你的最佳上床时间。

这是你制订正式的睡眠计划所需要的两个数字。

✏️ 翻到这本书的最后，找到睡眠计划。

✏️ 沿着虚线把这一页剪下来。在你阅读这本书时，用它来当书签，夹在书里。这样，当你需要在上面写些东西时，它就在手边。

✏️ 在这一页纸的最上面写上你的名字。

✏️ 在时间轴上标出你的最佳入睡时间和最佳上床时间。其他项先不填。

然后看一看，你的最佳入睡时间和你实际的入睡时间一致吗？如果一致，那么你的睡眠时间已经没有问题了。但是，对于那些害怕上床睡觉的孩子来说，这两个时间很难一致。

许多孩子虽然在合适的时间上床了,但却好几个小时都睡不着。如果你也是这样,就要开始实施新的睡眠计划了:将上床时间推迟,定在入睡前的半小时再上床。

假设你8:30上床睡觉,但一般要到10:00才睡着。这时,你要把上床时间改到9:30,坚持一段时间。除非你能更快入睡,否则要一直按照这个时间上床睡觉。当你能更快入睡时,你和爸爸妈妈可以将上床时间提前一些,每次提前一点点,直到上床时间、入睡时间与你睡前计划表上的两个时间一致。

✏ 如果你按时上床睡觉,但过了很久才睡着,那就打开你的睡眠计划表,在这个表的背面,有个练习,请将第1部分填好,这会帮助你得到一个新的上床时间,并指导你如何逐步改变,最终达到最佳的上床和入睡时间。

有些孩子入睡很快,但仍然睡眠不足,因为他们睡得太晚。如果你也是这样,你应该把上床时间提前15分钟。

假设你9:30上床后很快睡着,但实际上你应该8:00就上床去睡觉。那么,你要把上床时间从9:30提前到9:15。如果你采用了新的上床时间,还能迅速入睡,就可以把上床时间再提前15分钟。就这样不断把上床时间往前移,每次提前15分钟,直到你的上床时间、入睡时间和你的睡眠计划表上填写的时间一致。

✎ 如果你因为睡得太晚而睡眠不足,那就翻到睡眠计划表的背面,将练习的第2部分填好。这会帮助你得到一个新的上床时间,并指导你如何逐步改变,最终实现最佳的上床和入睡时间。

这么多时间点!有很多数字要记,对不对?别担心,你的睡眠计划会帮助你。随着你的入睡时间一点一点往前移,最终你会得到一个新的入睡时间,这个时间会和你的最佳入睡时间一致。然后你就可以说:

它就是我的最佳入睡时间!

第三章

合理安排睡前活动

有些魔术需要准备一些东西。接下来的这个魔术，需要准备一张纸、一把剪刀和两个曲别针。

连一连

准备工作

1. 从纸的顶端剪下一条细长的纸条。

2. 将纸的左边向右折，折痕大约在纸条的1/3处。

3. 取一个曲别针，将重叠的部分夹起来，夹的位置大约在重叠部分的中间。

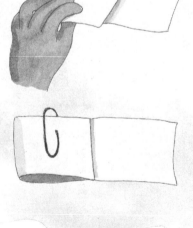

4. 再将右边剩下的三分之一向后折,折到曲别针的后面。

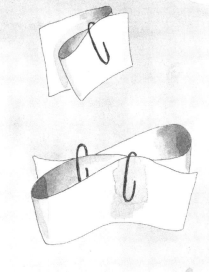

5. 拿起另一个曲别针,把新折的部分与中间的那层纸夹在一起,夹的位置在第一个曲别针的左边。每个曲别针应该将两层纸夹在一起,而不是三层。

6. 捏住纸条的两端(单层)。

变魔术

7. 向观众展示,曲别针是夹在纸的两个不同位置,彼此完全分离。告诉他们,你可以不动曲别针,就可以让它们连在一起。

8. 拉纸条的两端。曲别针会飞出去!瞧,它们连在了一起!不论你拉纸条是快还是慢,结果都一样。你可以多试几次,看看自己喜欢哪种拉纸条的方式。

你已经成为一个魔术师了!感觉很好,是不是?正如你所看到的,成为魔术师的一个重要能力,就是要学会安排做事的流程。

睡觉也有流程,它有两个主要部分:晚间活动和睡眠模式。我们先看晚间活动。

看看你的睡眠计划表,找到你的上床时间,然后往前推半小时,那就是晚间活动时间。这意味着,晚间活动比你的入睡时间要提前一个小时。

晚间活动会提示你的大脑,告诉它该平静下来了。当大脑收到这一信息时,它会告诉身体产生一种叫作褪黑素的东西。褪黑素可以帮助你入睡,并让你一觉睡到天亮。

当光线不足时,我们的身体就会产生褪黑素。大自然在夜间会让天空变暗,这使我们的身体更容易产生入睡所需的褪黑素。但电的应用让事情变得复杂起来,因为当天黑时,我们大多数人都会开灯。这让我们的身体感到困惑,以为此时仍然是白天,所以不会产生夜间所需的褪黑素。

顺应大自然的规律,晚上关灯会帮助我们的身体进入睡眠状态。所以,晚间活动的第一件事,就是待在光线较暗的房间里,做一些放松、舒缓的活动。

电子产品（电视、电脑、游戏机等）发出的亮光和声音，会让我们的大脑保持兴奋，让我们无法平静和放松。这时候，我们的身体就难以产生褪黑素，也就很难放松下来进入睡眠状态。

这意味着在上床睡觉前半小时，所有带屏幕的电子设备都应该关闭。当你躺在床上很久仍然无法入睡时更要这样做。

对有些孩子来说，关掉电视和游戏机很难。但请你至少先尝试几周，看看这样是否能帮助你入睡。与此同时，你可以发挥想象，想出一些有趣又好玩的晚间活动。

你可以……

去户外看星星。

玩棋盘游戏。

拼图。

洗澡。

画画。

读书。

✎ 在你的睡眠计划表上标出晚间活动的时间。

✎ 写出你喜欢的两个晚间活动（不能跟电子产品有关）。

你可以每天晚上进行不同的晚间活动，只要它们是能让你放松和感兴趣的。所以，尽情发挥你的创造力。当你准备好了这些，就接着往下读吧。

第四章

建立良好的睡眠模式

建立良好的睡眠模式是改善睡眠的重要步骤。接下来,我们先来玩一个小魔术。

这个魔术有点像第一章的那个"会跳的橡皮筋",不过更好玩。这次需要准备两根橡皮筋。如果能找到两种不同颜色的橡皮筋,就更好了。

更奇妙的皮筋

1. 举起右手,手掌朝向脸。

2. 把一根橡皮筋套在小指和无名指上。

3. 将第2根橡皮筋套在小指上,扭转一下橡皮筋,然后绕在无名指上;再扭转一下橡皮筋,把它绕在中指上;最后再扭转一下橡皮筋,把它绕在你的食指上。当你为观众表演时,你要轻轻拉动每一个交叉处,显示橡皮筋套得很牢,没有东西会从橡皮筋中间通过。

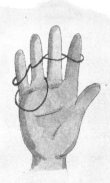

4. 就像上一个魔术一样,手指(除了大拇指)弯曲。

5. 拉开第1根橡皮筋,让它套在食指、中指、无名指和小指的指尖上。现在,第1根橡皮筋贴着小拇指和无名指。第2根橡皮筋交叉缠绕在4个手指上,将这4个手指紧紧连在一起。

6. 右手手指保持弯曲,左手拿起魔杖朝右手挥舞,并且口中念一些变魔术的咒语。

7. 右手猛地张开,第1根橡皮筋会从你的小指和无名指跳到食指和中指上,而第2根橡皮筋仍然交叉套在你的手指上。太神奇了!

你知道接下来的内容，对不对？下面你将了解这个魔术和睡眠的关系。

这就是一种模式。你翻开新的一章，学习一个新的魔术，然后你就会知道它与睡眠有什么样的关系，因为每一章都是这样的模式。一旦你了解了这种模式，你就知道自己要做什么，并且要做好相应的准备。

睡眠也是这样。如果你建立了睡眠模式，你的大脑和身体就会知道要做什么。所以当你躺下闭上眼睛的时候，你就已经准备好要睡觉了。

晚间活动结束后，你就进入了睡眠模式，睡眠模式大概需要半个小时，然后你就睡着了。睡眠模式包括3个部分：

这3个部分环环相扣，你可以通过"切换－放松－入睡"的顺序进入睡眠状态。看下图，你会发现从晚间活动开始到睡眠模式结束，中间要花1个小时的时间。

切换
放松
入睡

切 换

你的睡眠模式从切换活动开始,让你的大脑知道该睡觉了。切换活动一般不超过10分钟,结束后你就该上床睡觉了。你的切换活动可以是刷牙前吃点零食,或者跟你的宠物道声晚安。每晚的切换活动尽可能都一样,它是良好睡眠模式的开始。

写一写或者画一画你的睡前切换活动。

放　松

放松是指你上床后让自己安静下来的活动,能让你感到安全和舒适。你可以自己一个人蜷缩在被窝里,也可以依偎着父母。放松时间大约15分钟。

对许多孩子来说,放松活动就是读或听一个故事。你可以尝试别的活动,比如讲一讲你白天里发生的趣事,或者写一写日记。放松活动是安静而平和的(不能看电视或玩电子设备),这样才能为睡觉做好准备。

最好每晚都做同样的放松活动,尤其当你需要很长时间才能入睡时。一旦入睡变得容易一些,你可以多尝试几种放松活动,但是目前你还是先选一种放松活动并坚持下去吧!

写一写或者画一画你的睡前放松活动。

入 睡

入睡是你以自己喜欢的睡觉姿势,闭上眼睛时进行的活动。它可以是爸爸妈妈离开你的房间时,给你一个晚安的吻,或者温柔地拍拍你的后背,或者轻轻地说"我爱你"。入睡活动尽可能保持每晚都一样,因为它是睡眠模式的最后一部分,它会告诉大脑:"好了,现在好好睡吧。"

写一写或者画一画你的入睡活动。

把你的切换、放松和入睡活动详细地写入你的睡眠计划中。先和父母谈一谈你想进行的这些活动,要确保他们都能接受。

从今晚开始（或尽快），以后每晚你都要遵守睡眠计划表的步骤安排，即使是周末也一样。这意味着，你每天晚上都要按照相同的顺序完成四个部分的活动：晚间活动、切换活动、放松活动、入睡活动。如果你属于睡眠计划表背面的第2部分描述的情况，随着上床时间和入睡时间提前，你的晚间活动和睡觉时间也会逐渐改变。虽然时间会发生改变，但是你仍然需要按照睡眠模式进行这四个活动。

随着一遍又一遍地练习这个模式，你会慢慢发现自己一躺到床上，就会感到困倦。这是因为你的大脑期待着接下来发生的事情，帮助你感到困倦，好让你尽快入睡。于是，轻轻松松地就能睡着了。

克服入睡恐惧

现在,你已经建立了良好的睡眠模式,让大脑和身体知道是时候该睡觉了。但如果你像很多孩子一样,有一些令你讨厌的、难以摆脱的东西影响你睡觉,让你睡不着,这些讨厌的东西可能是恐惧,尤其是怕黑或者害怕独自睡觉。

不过,别担心,有个魔术可以帮助你解决这个问题。拿起你的魔杖吧!如果找不到魔杖也没关系,因为这个魔术实际上是一个游戏,任何小物件都可以当作你的魔杖。

克服恐惧的寻宝游戏

初级挑战

先在白天玩这个游戏，这时房间里光线明亮。在屋里选一个地方，比如厨房、客厅或卫生间。你可以和妈妈、爸爸、兄弟姐妹一起玩，任何人都可以玩。

当你要去藏魔杖（或其他小物件）时，其他人都在一个地方（等待区）等待。你要把它藏到一个不容易被找到的地方，可以在这个地方露出一点点魔杖的痕迹，然后回到等待区。接下来有个人出去寻找魔杖，其他人等待。

下一次，换别人去藏魔杖，你去找魔杖。如果几个孩子一起玩这个游戏，那就轮换着找魔杖。找的人一个接一个地去找魔杖，找到后不要拿走它，而是把它留在原处，让每个人都有机会去找魔杖。每次只能让一个人出去藏或找魔杖，其他人都要在等待区等待。

如果你害怕一个人在房间里走动，可以让等待区的家人唱歌，声音要大，让你能听到。这样你就会知道家人就在附近，因为你能听到他们的声音。你就可以独自去找一个藏东西的好地方。家人也可以在你一个人找魔杖的时候唱歌。过一段时间后，让他们小声唱。最终你能够在听不到他们声音的情况下藏或者找魔杖。

二级挑战

当你准备好了，可以扩大游戏范围，增加游戏的难度。比如，等待区设置在楼下的房间，而把魔杖藏到楼上。如果你家不是2层楼房，你可以在家里找一个较大的区域来玩这个游戏。

三级挑战

如果想让这个游戏更有挑战性，你可以在晚上玩这个游戏。玩这个游戏的时候先开着灯。当你觉得这样玩也容易时，可以关掉灯，只有等待区的地方亮着灯。寻找魔杖的人可以随便打开或关上房间里的灯。

四级挑战

最后，要让游戏变得非常难，你们可以在黑暗中用手电筒玩这个游戏，或者只开着夜灯或壁橱灯。

每天玩10分钟的寻宝游戏,并且经常变换游戏形式,会让你感觉新鲜又有趣。玩游戏时可以彼此计时,或者提供一些寻宝线索。

和家人一起玩游戏,尽量难住对方,成为寻宝高手。通过一次又一次的挑战,逐渐克服恐惧。几周之后,你会发现,自己不再害怕独自待在黑暗的地方了。

吧啦吧啦,变变变!恐惧消失了!

第六章

学会独自睡觉

克服恐惧的寻宝游戏越玩越有效。在玩这个游戏一周或更久之后,你会发现,自己可以一个人在家中的任何地方待更长的时间了。

你可以从容地找到魔杖,或者找到一个藏魔杖的好地方。即使你在不玩游戏的时候,你也会注意到,独自待在楼上(或楼下,无论哪里)也没什么问题。这意味着你可以进行睡眠计划的下一步了。

接下来,我们还是先学个小魔术,准备好,这次的魔术是让一支铅笔自己动起来。

漂浮的铅笔

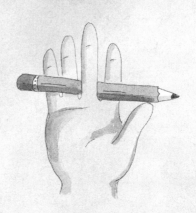

1. 右手拿铅笔,把它夹在中指的后面,其余手指的前面。带橡皮的一端指向小指,笔尖的一端指向大拇指。

2. 左右手交叉。这时,你所有的手指都在铅笔的后面,除了右手的中指,它固定着铅笔。

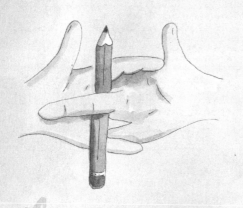 

铅笔的两端应该露在手的外面。确保手指紧扣,别让人看到用来固定铅笔的中指。

3. 把铅笔带橡皮的一端立在桌面上，用两个拇指夹紧笔头，这样看起来就像是你的大拇指和桌子固定着铅笔。

4. 告诉观众，你能让铅笔自己漂浮起来。命令铅笔："上来！"把你的大拇指移开，把手举高，这样看起来铅笔就像是没有得到任何东西的支撑，就停在了这个地方。

5. 慢慢地移动你的手，你可以上下移动，左右移动，但两只手要紧扣在一起。将手稍微前后或左右倾斜一下。(小心，不要让观众看到你的掌心！) 真奇妙！铅笔自己漂浮起来了！(至少看上去是这样。)

6. 当你准备好了，大喊"掉下去"，迅速松开手指，让铅笔掉到地上。

当然，铅笔并不会自己漂浮起来，而是你的中指把它固定住了。有时候，一些事情似乎是自然而然发生的，其实并非如此。

就像睡觉这件事，你现在可能很快就能睡着，但并不是独自一人睡着的。没关系，因为你一直在做两件非常重要的事情——养成良好的睡前习惯和按时上床睡觉。

现在，你可以尝试学会独自睡觉了。

☾ 学会独自睡觉需要经历5个阶段，看看你处在哪一个阶段：

第1阶段：和爸爸或妈妈在他们的床上睡。

第2阶段：和爸爸或妈妈在自己的床上睡。

第3阶段：在自己的床上睡，爸爸或妈妈就坐在床对面。

第4阶段：自己睡，爸爸或妈妈要在你的隔壁房间。

第5阶段：自己睡，爸爸妈妈可以在家里的任何地方。

从今晚开始，我们就进入下一个阶段吧。

如果你还在第1个阶段，请进入第2个阶段。你和父母现在要搬到你的房间，按照你的睡眠模式睡觉。

如果你在第2个阶段，请进入第3个阶段。妈妈或爸爸会在你的房间里待着，直到你结束入睡活动进入梦乡。

如果你在第3个阶段，请进入第4个阶段。父母离开你的房间，但是待在隔壁房间。

如果你在第4个阶段，请进入第5个阶段。在你入睡时，你的父母可以待在家里的任何地方。

看一看你的睡眠计划表，表的背面有第3部分。在你完成的阶段边画×，然后圈出下一个阶段，这就是你今晚要执行的。使用计划表记录这些步骤，直到你能独自入睡为止。

在第4阶段和第5阶段，父母会离开你的房间，但他们每隔几分钟就会过来看你。如果你还醒着，他们会轻轻地对你说："闭上眼睛睡觉吧。"

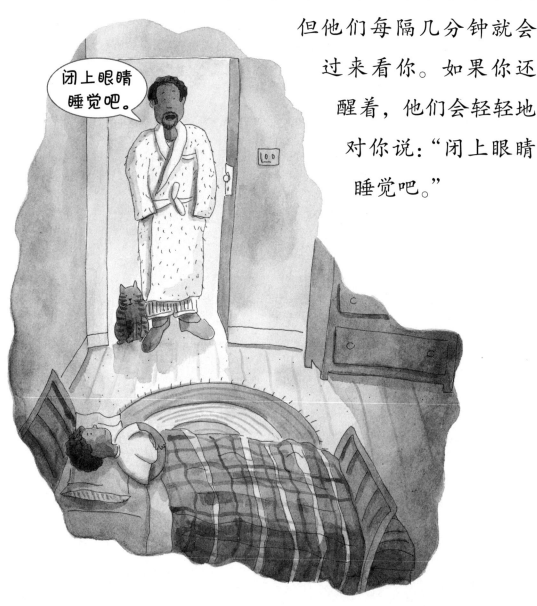

有些孩子等不及父母过来看他,他会叫人,或者起床喝水、上厕所,但其实,他只是想见到大人,或者确定大人还在附近。

如果叫父母去你的房间里陪你入睡(或者不停地出去看看他们,确定他们就在附近),这还不算独自入睡。如果你想彻底解决睡眠问题,就需要坚持独自入睡。

我们接下来玩个游戏,它可以帮助你摆脱那些喊人或者想确认父母是否在附近的冲动。

呼叫游戏

基本规则

玩这个游戏,你需要准备3张呼叫卡。找3张卡片或纸片,在上面写上"呼叫",做成3张呼叫卡。

每张呼叫卡允许你叫爸爸或妈妈回你的房间一次。如果你叫妈妈或者爸爸回房间一次,你就用掉一张呼叫卡;如果你起床去找爸爸妈妈,也要用掉一张呼叫卡。

游戏玩法

每天晚上上床睡觉前,把3张呼叫卡贴在卧室门上。当你叫人来时,爸爸或妈妈会来到你的门口,轻轻地提醒你现在该睡觉了。

呼叫游戏!

然后，大人会从门上拿走一张呼叫卡。他们不会回答你明天吃什么的问题，不会谈论怎么给你过生日，也不会谈论为什么杰米是你最好的朋友或者日食是怎么回事。他们不会再给你掖被子，也不会再抱你或者再亲你一下，只是温和地提醒你："该睡觉了。"

如果需要上厕所或喝水，你可以自己做这些事情。但如果你在起来的时候看到了爸爸或妈妈，哎呀不好！那可是还要用掉一张呼叫卡。

呼叫卡用完了，你就不能再叫爸爸妈妈了。如果你还要叫爸爸妈妈回来或者自己起来找人，爸爸妈妈就会说："呼叫卡用完了。"无论你问什么或说什么，父母的回答都不会改变。

你可能会生气、哭闹，甚至求父母再拥抱你一次，或者突然想起来一些似乎非常重要的事情。但父母还是会告诉你："呼叫卡用完了。"不管发生什么事情，他们都会坚持这么说。

你可能会想：嘿，等一下，我以为这只是一场游戏！但这有什么好玩的呢？请看下面：

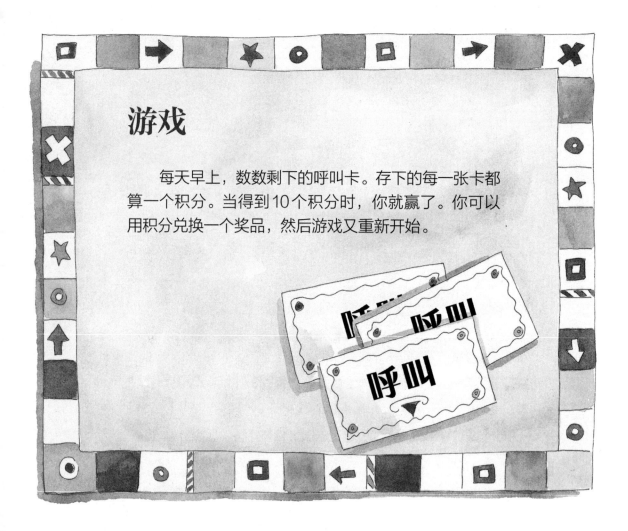

游戏

每天早上，数数剩下的呼叫卡。存下的每一张卡都算一个积分。当得到10个积分时，你就赢了。你可以用积分兑换一个奖品，然后游戏又重新开始。

每当新的一轮游戏开始时，你都可以和父母约定好下一个奖品是什么。它可以是像贴纸之类的物质奖励，也可以是一些有趣的活动，比如和朋友去打球。

想3个你想得到的游戏奖品。

大多数孩子都说在游戏中获胜超级容易。3张呼叫卡不算少，与其让父母站在门口提醒你睡觉，不如好好努力，获得奖品更有趣。你可能会下决心攒下所有的呼叫卡，每隔几天就能获得一个奖品。你也可以在较长的时间里慢慢获得奖品，这全由你决定。

让我们继续往下读。接下来，你将学习一些有关大脑的魔术，它可以帮助你克服脑海里剩下的恐惧。

第七章

大脑魔术

你执行睡眠计划已经有一段时间了,你可能会很快入睡,也比较接近最佳的入睡时间了,甚至能够独自睡觉了。这都太棒了!但是,如果脑海中总是会出现可怕的想法,你的感觉就不那么好了,入睡仍然会变得困难。如果有一个厉害的魔术能够帮助你摆脱那些可怕的想法,岂不是更好?

实际上，真有这样的魔术，甚至不需要魔杖。这就是大脑的魔术，你很快就能学会。但是，我们要先谈谈巧克力冰淇淋。

是的，没错。巧克力冰淇淋（坚持读下去，你知道这多少与魔术有关）。

好了，无论如何，**不要**想巧克力冰淇淋。**不要**想巧克力冰淇淋的画面。**不要**想象面前有一堆冰凉又香甜的巧克力冰淇淋，等着你用勺子去吃它们。将巧克力冰淇淋赶出你的大脑。

☾ 画出此时你脑海里的画面。记住，不要去想巧克力冰淇淋！

你想的是巧克力冰淇淋，对不对？

尽管禁止我们去想某个东西，但我们的大脑还是会不由自主地去想它。现在，你知道自己不应该去想它了，那我们再试试。

☽ 读每句话，然后画出你会想到的第一个东西。

不要想小老鼠。

不要想烟花。

不要想怪兽。

不要想你的铅笔。

哇，你的大脑不太配合，是不是？

事实上，如果你画了一只小老鼠、一支铅笔、一些烟花和一个怪兽，你其实跟其他人一样，几乎每个人都会这么做。这不是配合的问题，而是我们大脑的思维方式。尽管我们听到了"不要"这个词，但我们的大脑运转得太快了，它已经找到了"小老鼠"这个文件，并且打开了它，然后"不要"才来到，但已经来晚了。我们的大脑里已经满是小老鼠的形象！

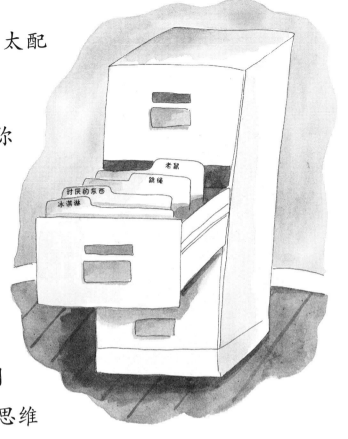

我们还可以换一种方式，告诉自己要想起肉丸，想起去游泳池游泳，或者上次滑雪的趣事。这直接给了我们一个关注点，而不是只让我们关闭文件，却没有新的文件来代替它。

可是，这和你脑海里的坏人、怪兽之类的可怕想法有什么关系呢？要知道，你不能简单地不去想它们。你的大脑就像一台巨大的电视机，正在播放一个可怕的节目，声音很大，你很难忽视它。但你可以做一件事：换电视频道。

你要提前决定好自己想在大脑电视机上看什么节目，可以选择一些有趣的事情，比如，你喜欢在假期里做的事情，或者怎样过下一个生日。当可怕的想法再次出现时，请记住，它们只是一堆画面，换频道就好了。

你想在大脑电视机上看什么呢？

然而，有时候，可怕的想法太强烈了。不管你多少次试图切换频道，它们还是会不断地回到脑海里。当这种情况发生时，你可以像嚼口香糖一样抛弃那些可怕的想法。

没错，就是嚼口香糖。

你刚把口香糖放进嘴里的时候，味道非常浓。

然后你开始嚼，不停地咀嚼。

味道很快就没了，你就会把没味的口香糖吐了。

有关怪兽的想法（或者坏人的想法，或任何可怕的想法）也是一样的。一开始这些想法很强烈，强烈得让你害怕，但你可以学会咀嚼这些想法，让它们变得不那么可怕。

咀嚼一个想法的方式就是去想，故意去想，反复去想。

所以，如果你的可怕想法是关于怪兽的，你可以单独留出一个怪兽时间，每天至少要留15分钟来想怪兽，但不要在睡前去想它。你和爸爸妈妈（或是兄弟姐妹，如果他们感兴趣的话）可以利用这段时间来反复思考有关怪兽的事情。所以，你在这段时间里可以尽情发挥想象力。

你可以编一首怪兽歌，记得把怪兽这个词放到歌里，再编一段怪兽舞，在每天的这个时间段里边跳边唱。

你还可以一遍又一遍地写下怪兽这个词，或者在电脑上用各种各样的花哨字体打出这个词。

你还可以假装自己是一个怪兽，让你的家人也一起扮演怪兽，戴上怪兽面具，发出怪兽的声音，全家来一场挠痒痒大战。

你还可以画一些有关怪兽的图片。

摆脱怪兽想法的关键是,你要不停地写出、说出、听到怪兽这个词。你要画出怪兽的样子,模仿怪兽的行为,让你的大脑每天咀嚼有关怪兽的想法,直到恐惧消失。

接下来,你可以尝试一些更有趣的跟怪兽有关的活动。你可以画出那个让自己害怕的怪兽。让你的父母画出他们能想到的最恐怖的怪兽。然后交换你们的画,可以修改这些画,让它们变得滑稽可笑。你可以在爸爸妈妈画的怪兽脸上画上太阳镜或者给它画上泳衣,让爸爸妈妈在你画的怪兽头上加一个香蕉船。

还可以让父母从电脑里打印一些怪兽的照片,你们轮流为这些怪兽编名字,编一些恐怖故事;还可以给怪兽图片涂上颜色,把它们剪成拼图,然后再拼起来。

有意识地思考一些有关怪兽的事情，用不同的方式来度过"怪兽时间"。如果怪兽想法出现在其他时间，你不要太快把它们"吐"掉，相反，你要紧紧抓住那些怪兽的想法：想想你编的怪兽歌，回忆家人戴着怪兽面具时的样子，回想一下妈妈画的那幅搞笑的怪兽画。

记住，可怕的想法就像口香糖一样，你嚼的时间越长，它的威力就越弱。不久你就会发现，你想到怪兽（或者坏人，或者任何你一直在咀嚼的可怕的想法）时不会感到害怕了。怪兽的吓人味道全没了。

当你不愿意想怪兽时，比如晚上躺在床上的时候，你很容易就吐掉这些想法，将大脑切换到其他频道，这就是大脑的魔术。

第八章

安静下来

也许你晚上睡觉时并不害怕，但你的脑海里充满了各种想法。如果睡前突然想起一天中发生的所有事情，你可能很难入睡，因为有太多的事需要思考或者和别人说。

如果你也是这样子,那么你最好早点找人聊一聊晚上会想起来的事情,这很重要。

你可以和父母约定一个固定的聊天时间,可以是放学后、晚饭前,或者在晚间活动时,但不能再晚了。

聊天时间是专门为你留出的时间。你可以在这个时间里聊一聊生活中发生的事情,你想要什么,你的期望和担心。

一旦有了专门的聊天时间,你就不会在睡前说个没完没了。如果你躺在床上,突然想起来一件事,比如:"我忘记说了!今天我们班里的仓鼠生了小仓鼠;凡妮莎在课间休息时推了我,她却说她没有!"爸爸妈妈这时候会说:"我们可以在明天的聊天时间谈论这些事情。"

这可以帮助你养成在聊天时间问问题和聊事情的习惯,而不是在准备入睡的时候。

有些孩子的大脑太忙了，即使有了专门的聊天时间，他们也需要一些额外的帮助才能在睡前安静下来。有一个好方法能让大脑安静下来，那就是循环呼吸。下面是循环呼吸的具体步骤。

循环呼吸

1. 放松，闭上眼睛。

2. 闭上嘴，慢呼吸两次。从鼻子吸气、呼气。再重复一次。

3. 接下来呼吸时，想象空气从一个鼻孔进去，然后从另一个鼻孔出来。实际上，两个鼻孔应当同时呼吸，但你可以在脑海中想象空气从你的右鼻孔进去，从左鼻孔出来。然后交换一下位置，想象下一次呼吸时，空气从左鼻孔进去，从右鼻孔出来。

4. 想象一下空气进出鼻孔的整个过程：空气从右鼻孔进去，再从左鼻孔出来，然后从左鼻孔进去，再从右鼻孔出来。

5. 进进出出，来来回回。

想象这个画面需要集中注意力。从右鼻孔进去，再从左鼻孔出来，然后从左鼻孔进去，再从右鼻孔出来，循环往复，你就会注意到，当你集中注意力去想象这些画面时，脑海中的其他想法就慢慢消失了。

如果你的大脑又开始漫游了，开始想拼写测试或周六发生的开心事，那就要把注意力重新集中到呼吸上来。想象空气从右鼻孔进，左鼻孔出，反反复复。

有些孩子在循环呼吸时就睡着了，有些孩子用这个方法来清除头脑里的杂念，这样他们就可以放松入睡。

当大脑安静下来，而你在平静地呼吸，你的思绪也会逐渐变得模糊不清。有些孩子就是采用这种模式，很快就能进入梦乡。

还有一些孩子喜欢在睡觉时想一些事情。如果你也是这样，可以做一个"梦想盒子"。

找一个盒子，把它装饰一下。每天晚上，你都要从这个盒子里拿出一些东西，所以要用梦想装满它。收集一些你最喜欢的照片，从杂志上剪一些图片和文字，画几幅画，写一个故事的开头等，都可以装进你的梦想盒子里。用有创意的、轻松的、有趣的想法填满你的梦想盒子。（这将是一个很好的晚间活动。）

杂志　马克笔　剪刀　闪光粉　盒子　胶带

☽ 下面是一些可以放进梦想盒子的想法。把你自己的想法也加进去吧!

你随时都可以把自己的想法装进梦想盒子里。你也可以请爸爸妈妈把他们的梦想放进去。临睡觉前,从梦想盒子里拿出一张照片或某个故事的开头,这就是你入睡时要思考的东西。

如果你发现大脑在胡思乱想,就先做几分钟循环呼吸,让思维慢下来。然后再把思绪拉回到你选择的东西上,不知不觉中,你就睡着了。

放松身体

我们一直在关注大脑，消除让自己难以入睡的恐惧和杂念。

但是，有时让你睡不着的不是想法，而是身体。你想睡觉时，你的身体恰好不舒服，比如小腿抽筋、疼痛等。

如果你有这样的问题，那么就要注意3件事：食物、运动和温度。

食 物

吃什么和吃东西的时间也会影响你的情绪。睡前不能吃太饱，当然也不能饿肚子。

对大多数孩子来说，睡前可以吃点健康的零食，比如酸奶、水果，如果觉得很饿，可以吃面包或者水果麦片。这些食物对身体有好处，有助于身体和大脑的夜间工作。

睡前吃的食物里一定不能含有咖啡因。很多饮料、咖啡和巧克力里都有咖啡因。咖啡因会使人保持**清醒**。辛辣和油腻的食物也不适合睡前吃。

和父母谈谈你睡前喜欢吃且对身体有益的食物，制订一个饮食计划，列出一些清淡的、有助于睡眠的食物。

运 动

你是否注意到,当你坐的时间太长,比如长时间阅读或者看电影时,你会忍不住晃动身体?

如果身体长时间不活动,就会感到躁动不安。白天锻炼不仅能保持身体强健,还有助于夜晚的睡眠。走路去上学,课间休息时跟同学们玩游戏,打球,骑自行车,这些都是很好的运动方式。

运动和玩游戏的时间最好是在早上和下午,不要太接近睡眠时间。我们在白天的时候要活跃,但晚上就要安静下来。

温 度

温度适宜才有助于睡眠。太热的时候，我们会感觉不舒服；太冷的时候，身体颤抖会使肌肉紧绷，让我们很难放松。

天气太冷还好说，只要穿上暖和的睡衣和袜子，盖厚一点的被子就行了。

太热的时候，就要采取一些方式降温。如果夜晚凉快，就打开窗户。如果夜晚也热，那就打开空调、电风扇，或者睡前洗个澡，盖个床单就好了。上床前把床单抖几下，带出一阵凉风，太爽了！

你吃了一些健康的零食，白天做了足够多的运动，晚上没怎么活动。周围的温度刚刚好，不太热，也不太冷，但你仍然烦躁不安，睡不着。如果是这样的话，你可以在床上做一些能让自己安静下来入睡的事情，比如拉伸和放松练习。

这个练习会教你如何绷紧和放松肌肉，帮助你摆脱烦躁不安的情绪。

拉伸和放松练习

1. 仰卧，双腿伸直，手臂放在身体两侧。

2. 右脚的脚趾绷紧伸直，尽可能伸展右腿，集中精力让腿部肌肉向下伸展，就好像这条腿长长了一点。

3. 默数到5。

4. 右脚脚尖向头部弯曲。

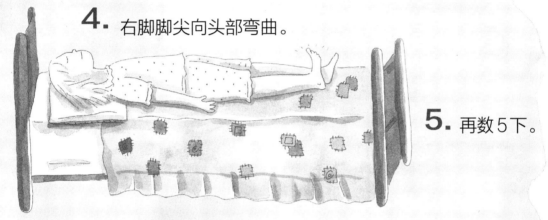

5. 再数5下。

6. 放松你的右腿，右腿肌肉得到了放松。

7. 现在换左腿。绷直左脚的脚趾，重复刚才的动作，把左腿尽量往下伸。

8. 默数到5。

9. 将左脚脚尖向头部弯曲，再数5下。

10. 放松左腿，这时候双腿都很放松。

11. 现在开始放松右臂。伸开右手手指,手臂使劲向床脚伸,好像有根绳子将手臂向脚趾的方向拉。

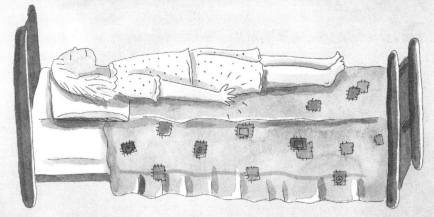

12. 当你感受到这种拉力时,默数到5。

13. 然后放松右臂的肌肉。

14. 接着放松左臂,手指伸开,好像有根绳子将手臂向脚趾的方向拉。

15. 默数到5。

16. 放松左臂,这样双臂都会放松。

17. 做5次循环呼吸。

18. 如果你仍然感到躁动不安,就按照下面的顺序重复做一遍:伸展和放松练习,伸展和放松练习,呼吸,呼吸,呼吸。

当身体感到舒适、昏昏欲睡的时候,再做几次循环呼吸,想一想你从梦想盒子里拿出来的一些想法。很快,你就会完全平静下来,甜甜地入睡了。

第十章

夜间醒来，怎么办？

如果我们按时上床睡觉，遵循睡眠模式并且独自入睡，往往会睡得更香。良好的睡眠习惯会帮助你睡个好觉。你可能已经注意到，你很少像以前那样半夜醒来了。

不过，我们有时还会半夜醒来。每个人都有这样的经历。我们只是醒来，翻个身，然后重新入睡。如果你在晚上醒来，你可以按照下面的步骤做。

只需翻个身。

做1~2次循环呼吸。

想想梦想盒子里的东西。

让自己慢慢睡着。

但有时，一个人的习惯依旧会影响睡眠。比如，有些睡眠习惯很好的孩子，半夜醒来后会去找爸爸妈妈。如果发生这种情况，要跟爸爸妈妈提前说好，让他们把你带回自己的房间，并轻声提醒你回去睡觉。

如果处于独自入睡的第3步，习惯爸爸妈妈在旁边陪你入睡，那么你的父母会待在你的房间里，直到你再次安然入睡，就像你第一次入睡前那样。

如果你在独自入睡的第4步或第5步，父母就会离开你的房间，过几分钟后再来查看一下。

这样过了几天后，你要独自回床上睡觉，父母只会把你送到你的房间门口。之后，他们会送你到自己的房间门口。慢慢地，你在半夜醒来后，也就学会自己回床上睡觉了。经过你和父母的共同努力，你会惊讶地发现，你已经改掉了夜间醒来找父母的习惯。每个人晚上都可以睡个好觉了。

第十一章

做噩梦，怎么办？

每个人都会做噩梦。大多数孩子做噩梦之后都会接着睡，他们有时候也会被噩梦惊醒，但这只是个别情况。

如果你做了噩梦，但有点迷迷糊糊没清醒，父母可以到房间里陪你几分钟。他们会告诉你，你是安全的，可以放心睡觉。你可以让父母给你一个温暖的拥抱，轻轻地安慰你。如果你没有完全清醒，爸爸妈妈的安慰足以帮助你入睡。

如果你被噩梦完全惊醒了，那么最好和父母谈谈你的噩梦。你很想忘掉它，但你知道行不通。还记得前面讲过的"不要去想巧克力冰淇淋"这个例子吗？那就故意去想这个噩梦，让大脑逐渐习惯它，就如同不停地嚼口香糖一样，然后你就能"吐"掉它，继续做别的事情。

和别人讲述你的噩梦，这是一种故意去想噩梦的方式，会削弱噩梦的威力，如果你彻底清醒了，还可以做其他的事情。

把你的噩梦当成一部电影。想象自己坐在导演椅上，让你的噩梦从中断的地方继续演下去。只是现在由你来做主。你可以赋予自己特殊的超能力：把你最喜欢的超级英雄加进去，安排一些幽默的情节，穿插一些有趣的故事。

如果你的噩梦是恐龙追着你跑，那就让自己再回到这个场景中：你的心怦怦跳，你的脖子能感受到恐龙呼出的热气。然后，你突然转过身，大声喊道："你已经灭绝了！"然后，看着恐龙在你眼前消失。或者可以想象一下，当恐龙从悬崖上跌落时，恰好落在一只翼龙身上，翼龙带着它飞走了。

学会改造噩梦是一个好办法。你练习得越多就越容易。如果你半夜太累了,可以第二天再改造它。尽情发挥你的想象力和创造力,看看能把噩梦改造得多有趣。这是你自己的梦,你可以随意加入自己喜欢的东西。即使现在是白天,噩梦也结束了,但改造梦的结尾将帮助你的大脑学会在下次做噩梦时更顺利地切换到其他场景上去。

☾ 想想你最近做的一个噩梦,把它描述出来。

☾ 改变这个噩梦的结尾,把它描述出来。你可以编一个神奇或者搞笑的结尾,梦里的一切由你做主。

第十二章

睡个好觉吧

尽管魔术看起来很简单,但做起来还是有难度的。你必须把所有的步骤都做对。即使你尽了最大努力,有时候也会出错。当这种情况发生时,你会很沮丧。不过,魔术很有趣,如果你和大部分孩子一样,就会坚持练习不放弃。

睡眠魔术也一样。有时魔术很难,你需要不断练习才能成功。这些魔术很重要,所以不要轻易放弃。如果有哪个魔术看起来特别难,就再把关于它的那部分内容读一读,多加练习,直到你觉得容易了,再去学新的。

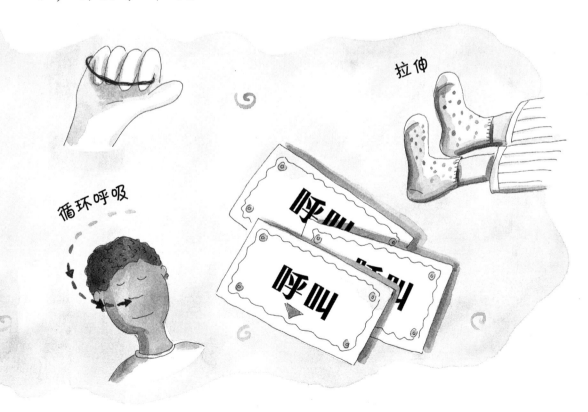

如果你认真练习了所有的睡眠魔术，你就会看到神奇的事情发生了。

你将学会独自睡觉。

能够克服睡前恐惧和焦虑。

不会听到可怕的声音，也不会再想起怪兽和坏人。

不会躺下后还要不停地喝水、去卫生间，也不再要大人的一次次拥抱。

不觉得太热或者腿脚抽筋，也不会躺下后好几个小时都醒着，觉得自己永远都睡不着。

只要完成了这本书里的所有练习，你就再也不害怕独自睡觉了。并且你很快就能睡着，睡醒后感觉棒极了。

所以，你要记住

- 不断调整到最佳的入睡时间，然后坚持下去。

- 坚持切换—放松—入睡的模式。

  - 如果有可怕的想法，就切换频道，或者像嚼口香糖一样，嚼得它失去味道。

  - 做几次循环呼吸。

  - 拿出梦想盒子。

  - 躺着做拉伸和放松练习。

画一画自己熟睡的样子。

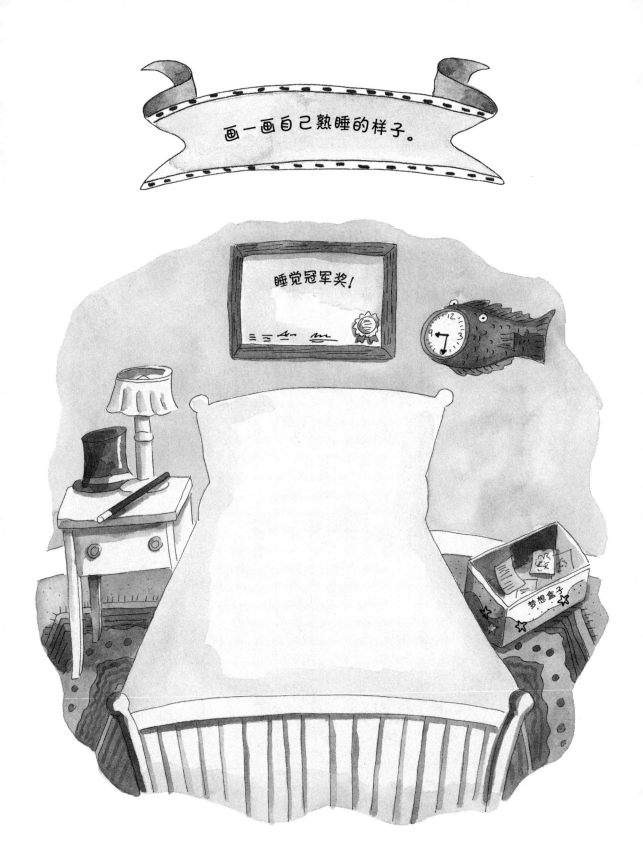

感觉真的太棒啦!

睡眠计划

姓名：_____

睡眠计划能帮你睡个好觉。这一面的内容将帮助你制订睡眠计划的细节，背面的内容会帮助你解决按时入睡和独自入睡时遇到的问题。你每次只需要按照书中的提示填写。等你的计划表完成后，你可以把它放在床头。执行你的睡眠计划，睡个好觉很简单！

7:00 7:15 7:30 7:45 8:00 8:15 8:30 8:45 9:00 9:15 9:30 9:45 10:00

- 在时间轴上找到你的最佳入睡时间（见第22—23页），用圆圈标出来。
- 往前推30分钟，找到你的最佳上床时间。用方框标出来。
- 再由此往前推30分钟，找到你的晚间活动时间。用三角形标出来。

晚间活动

我的晚间活动开始时间：_____。我的晚间活动设计：

1	2

最佳上床时间（晚间活动开始后30分钟）

我的最佳上床时间：_____。我的睡前模式是：

切换活动	放松活动	入睡活动

最佳入睡时间（最佳上床时间后30分钟）

我的最佳入睡时间：_____。

练习

用圆圈圈出最佳入睡时间，用方框框上最佳上床时间

第1部分

　　如果你按时上床睡觉，但过了很久才睡着。

　　在下面的时间轴上用一个大 × 标出你的入睡时间。

　　接着往前数两个时间小节（30分钟），把时间圈出来。这是新的上床时间（暂时）。

　　坚持按这个新的上床时间睡觉，直到你能连续4个晚上都快速入睡。

　　然后把你的上床时间再提前15分钟。将原来圈的时间划掉，在新的上床时间上画个圈。坚持使用新的上床时间，直到你连续4个晚上都能快速入睡。

　　接着，不断把你的上床时间提前15分钟（划掉旧的时间，圈定新的时间），直到你的上床时间和入睡时间与上面的时间轴上标出的一致。

第2部分

　　如果你的实际上床时间迟于最佳上床时间，但是很快就能入睡。

　　在下面的时间轴上，用一个大 × 标出你的上床时间。

　　往前数一个时间小节（15分钟），圈定这个时间。这是新的上床时间（现在）。

　　坚持这个新的上床时间，直到连续4个晚上都能够快速入睡。

　　然后把你的上床时间再提前15分钟。将原来圈的时间划掉，在新的上床时间上画一个圆圈。坚持使用新的上床时间，直到连续4个晚上能够快速入睡。

　　接着，不断调整上床时间，每次提前15分钟（划掉旧的，圈上新的），直到上床时间和入睡时间与上面的时间轴上标出的一致。

7:00　7:15　7:30　7:45　8:00　8:15　8:30　8:45　9:00　9:15　9:30　9:45　10:00　10:15　10:30　10:45　11:00　11:15　11:30

第3部分

　　如果你无法独自入睡。

　　在下面用 × 标出你当前所在的阶段。

　　第1阶段：和爸爸或妈妈在他们的床上睡。

　　第2阶段：和爸爸或妈妈在自己的床上睡。

　　第3阶段：在自己的床上睡，爸爸或妈妈就坐在床对面。

　　第4阶段：自己睡，爸爸或妈妈要在你的隔壁房间。

　　第5阶段：自己睡，爸爸妈妈可以在家里的任何地方。

　　现在，将你的下一个阶段圈出来，从今晚开始，你要进入这个阶段了。

　　坚持练习，直到你能顺利地睡着一个星期。

　　然后进入到下一个阶段，在原来的阶段边画 ×，然后圈中下一个阶段，坚持练习，直到你顺利地睡着一个星期，再进入下一阶段（划掉旧的，圈上新阶段），直到你到达第5阶段。